SIND WIR ZU VIELE?

Wie die Welt zusammenwächst

arsEdition

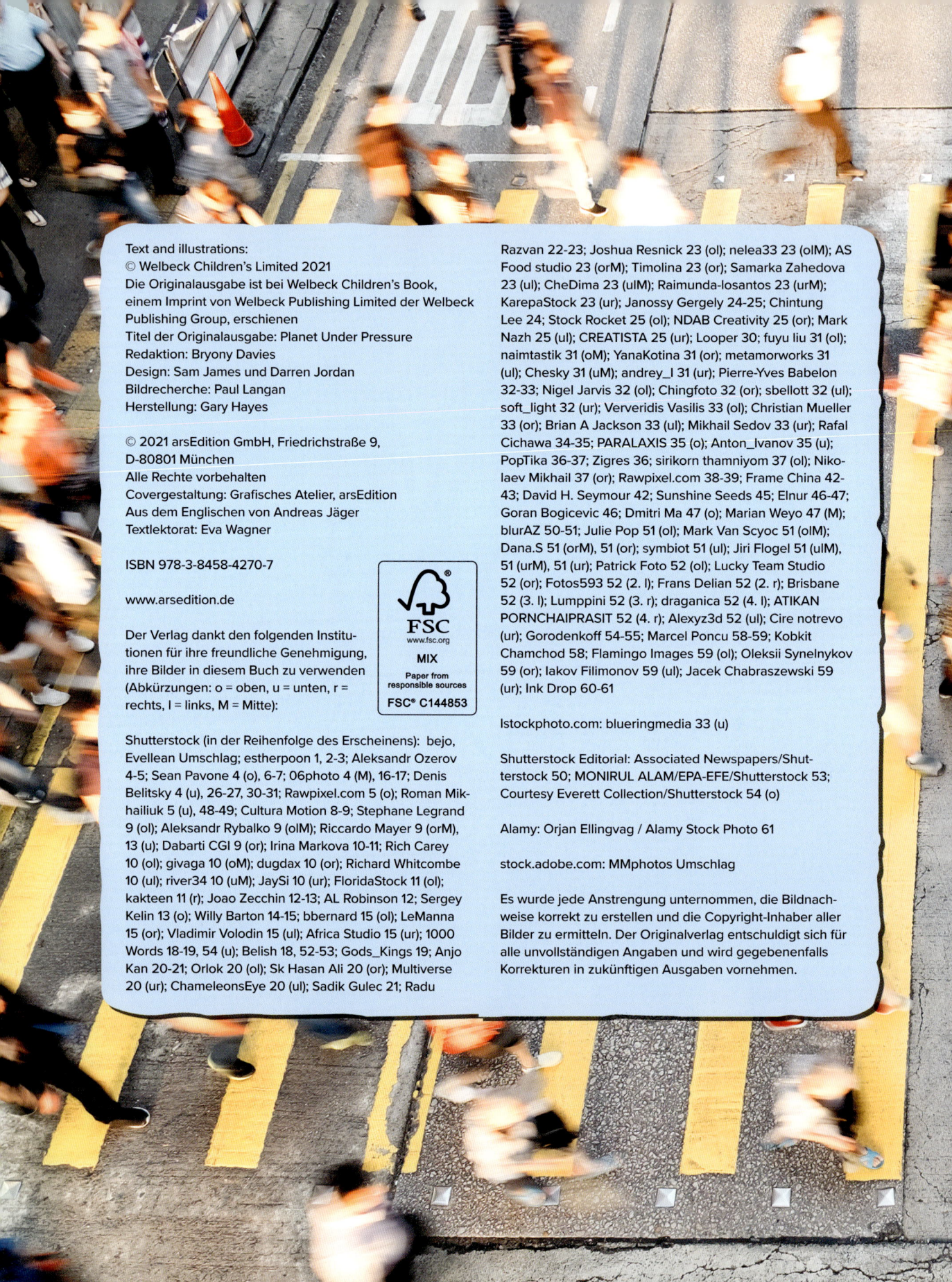

Text and illustrations:
© Welbeck Children's Limited 2021
Die Originalausgabe ist bei Welbeck Children's Book,
einem Imprint von Welbeck Publishing Limited der Welbeck
Publishing Group, erschienen
Titel der Originalausgabe: Planet Under Pressure
Redaktion: Bryony Davies
Design: Sam James und Darren Jordan
Bildrecherche: Paul Langan
Herstellung: Gary Hayes

© 2021 arsEdition GmbH, Friedrichstraße 9,
D-80801 München
Alle Rechte vorbehalten
Covergestaltung: Grafisches Atelier, arsEdition
Aus dem Englischen von Andreas Jäger
Textlektorat: Eva Wagner

ISBN 978-3-8458-4270-7

www.arsedition.de

Der Verlag dankt den folgenden Institu-
tionen für ihre freundliche Genehmigung,
ihre Bilder in diesem Buch zu verwenden
(Abkürzungen: o = oben, u = unten, r =
rechts, l = links, M = Mitte):

Shutterstock (in der Reihenfolge des Erscheinens): bejo,
Evellean Umschlag; estherpoon 1, 2-3; Aleksandr Ozerov
4-5; Sean Pavone 4 (o), 6-7; 06photo 4 (M), 16-17; Denis
Belitsky 4 (u), 26-27, 30-31; Rawpixel.com 5 (o); Roman Mik-
hailiuk 5 (u), 48-49; Cultura Motion 8-9; Stephane Legrand
9 (ol); Aleksandr Rybalko 9 (olM); Riccardo Mayer 9 (orM),
13 (u); Dabarti CGI 9 (or); Irina Markova 10-11; Rich Carey
10 (ol); givaga 10 (oM); dugdax 10 (or); Richard Whitcombe
10 (ul); river34 10 (uM); JaySi 10 (ur); FloridaStock 11 (ol);
kakteen 11 (r); Joao Zecchin 12-13; AL Robinson 12; Sergey
Kelin 13 (o); Willy Barton 14-15; bbernard 15 (ol); LeManna
15 (or); Vladimir Volodin 15 (ul); Africa Studio 15 (ur); 1000
Words 18-19, 54 (u); Belish 18, 52-53; Gods_Kings 19; Anjo
Kan 20-21; Orlok 20 (ol); Sk Hasan Ali 20 (or); Multiverse
20 (ur); ChameleonsEye 20 (ul); Sadik Gulec 21; Radu
Razvan 22-23; Joshua Resnick 23 (ol); nelea33 23 (olM); AS
Food studio 23 (orM); Timolina 23 (or); Samarka Zahedova
23 (ul); CheDima 23 (ulM); Raimunda-losantos 23 (urM);
KarepaStock 23 (ur); Janossy Gergely 24-25; Chintung
Lee 24; Stock Rocket 25 (ol); NDAB Creativity 25 (or); Mark
Nazh 25 (ul); CREATISTA 25 (ur); Looper 30; fuyu liu 31 (ol);
naimtastik 31 (oM); YanaKotina 31 (or); metamorworks 31
(ul); Chesky 31 (uM); andrey_l 31 (ur); Pierre-Yves Babelon
32-33; Nigel Jarvis 32 (ol); Chingfoto 32 (or); sbellott 32 (ul);
soft_light 32 (ur); Ververidis Vasilis 33 (ol); Christian Mueller
33 (or); Brian A Jackson 33 (ul); Mikhail Sedov 33 (ur); Rafal
Cichawa 34-35; PARALAXIS 35 (o); Anton_Ivanov 35 (u);
PopTika 36-37; Zigres 36; sirikorn thamniyom 37 (ol); Niko-
laev Mikhail 37 (or); Rawpixel.com 38-39; Frame China 42-
43; David H. Seymour 42; Sunshine Seeds 45; Elnur 46-47;
Goran Bogicevic 46; Dmitri Ma 47 (o); Marian Weyo 47 (M);
blurAZ 50-51; Julie Pop 51 (ol); Mark Van Scyoc 51 (olM);
Dana.S 51 (orM), 51 (or); symbiot 51 (ul); Jiri Flogel 51 (ulM),
51 (urM), 51 (ur); Patrick Foto 52 (ol); Lucky Team Studio
52 (or); Fotos593 52 (2. l); Frans Delian 52 (2. r); Brisbane
52 (3. l); Lumppini 52 (3. r); draganica 52 (4. l); ATIKAN
PORNCHAIPRASIT 52 (4. r); Alexyz3d 52 (ul); Cire notrevo
(ur); Gorodenkoff 54-55; Marcel Poncu 58-59; Kobkit
Chamchod 58; Flamingo Images 59 (ol); Oleksii Synelnykov
59 (or); Iakov Filimonov 59 (ul); Jacek Chabraszewski 59
(ur); Ink Drop 60-61

Istockphoto.com: blueringmedia 33 (u)

Shutterstock Editorial: Associated Newspapers/Shut-
terstock 50; MONIRUL ALAM/EPA-EFE/Shutterstock 53;
Courtesy Everett Collection/Shutterstock 54 (o)

Alamy: Orjan Ellingvag / Alamy Stock Photo 61

stock.adobe.com: MMphotos Umschlag

Es wurde jede Anstrengung unternommen, die Bildnach-
weise korrekt zu erstellen und die Copyright-Inhaber aller
Bilder zu ermitteln. Der Originalverlag entschuldigt sich für
alle unvollständigen Angaben und wird gegebenenfalls
Korrekturen in zukünftigen Ausgaben vornehmen.

SIND WIR ZU VIELE?

Wie die Welt zusammenwächst

Nancy Dickmann

INHALT

MENSCHEN, MENSCHEN ÜBERALL

Wohin man schaut, überall wimmelt es von Menschen. Sie drängen sich in Städten, Geschäften, Restaurants und Museen und an schönen Tagen sind auch Strände, Parks und Zoos völlig überfüllt. Noch nie haben so viele Menschen auf der Erde gelebt wie heute. In den letzten zwei bis drei Jahrhunderten hat die Weltbevölkerung enorm zugenommen. Und sie wächst immer noch.

BEVÖLKERUNGSWACHSTUM ALS PROBLEM

Das Anwachsen der Erdbevölkerung hat viele Veränderungen mit sich gebracht. Heute leben Menschen in Regionen, wo früher Wildnis war. Wir haben Städte und Wolkenkratzer gebaut und immer mehr Menschen leben auf immer engerem Raum zusammen. Das Bevölkerungswachstum führt zu Problemen, die sich in Zukunft noch verschärfen könnten: die Ausbeutung der natürlichen Ressourcen, der Klimawandel und die Zerstörung von Lebensräumen.

BEVÖLKERUNGSDRUCK

Im Jahr 100 n. Chr. lebten auf der ganzen Welt wahrscheinlich um die 200 Millionen Menschen. Noch 1000 Jahre später waren es nur etwa 300 Millionen. Die erste Milliarde wurde nach Schätzungen von Historikern um das Jahr 1800 erreicht. Seither ist die Bevölkerung regelrecht explodiert und heute sind wir fast 8 Milliarden Menschen!

Diese zwei Karten zeigen die am dichtesten bevölkerten Regionen der Erde. Gelb und rot gefärbt sind die Gegenden mit mehr als einem Einwohner pro Quadratkilometer.

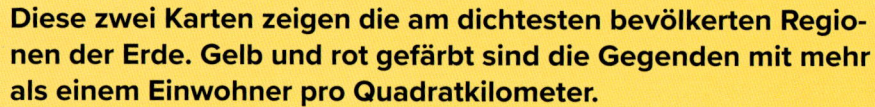

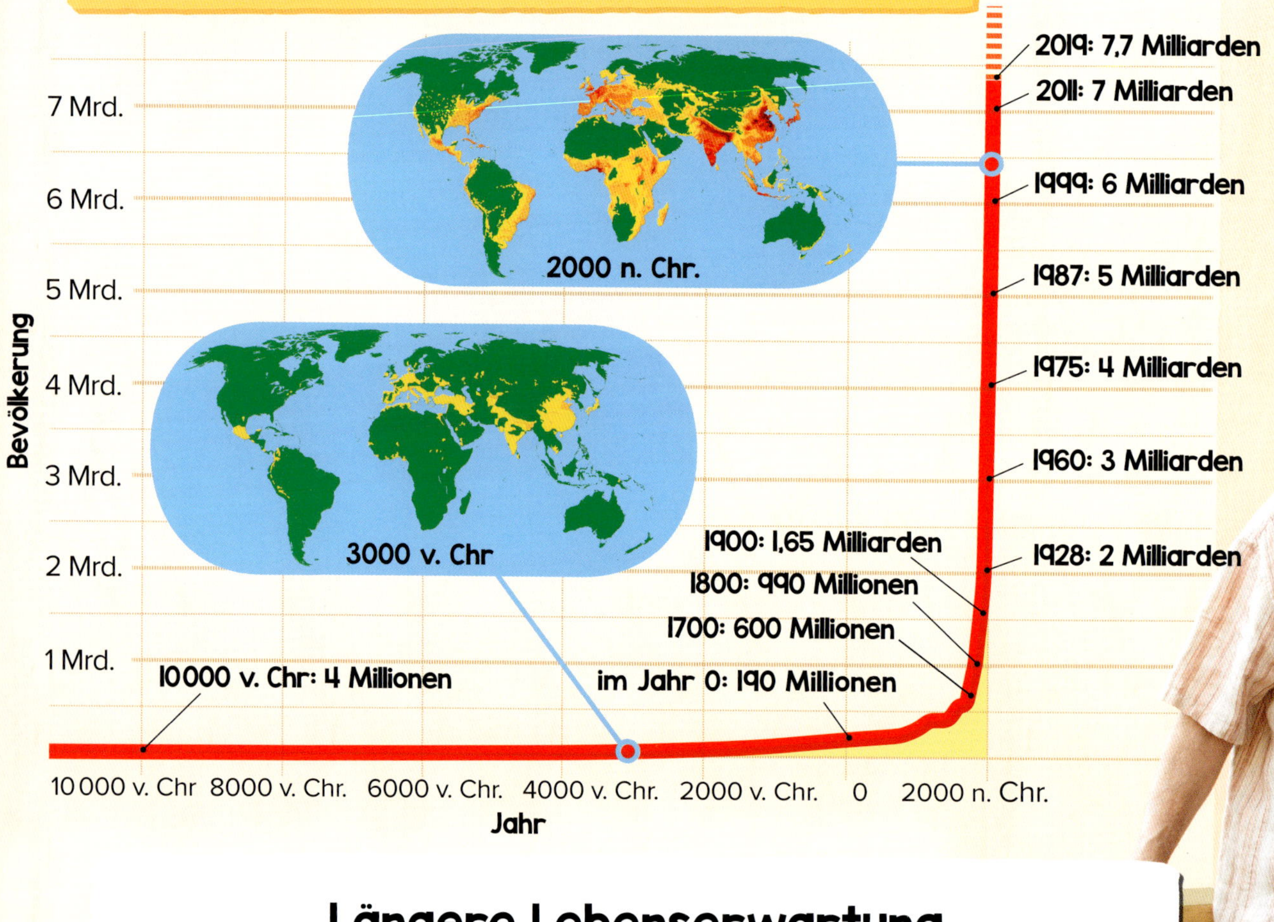

Bevölkerung

- 7 Mrd.
- 6 Mrd.
- 5 Mrd.
- 4 Mrd.
- 3 Mrd.
- 2 Mrd.
- 1 Mrd.

2000 n. Chr.

3000 v. Chr

2019: 7,7 Milliarden
2011: 7 Milliarden
1999: 6 Milliarden
1987: 5 Milliarden
1975: 4 Milliarden
1960: 3 Milliarden
1900: 1,65 Milliarden
1928: 2 Milliarden
1800: 990 Millionen
1700: 600 Millionen
10000 v. Chr: 4 Millionen
im Jahr 0: 190 Millionen

10 000 v. Chr   8000 v. Chr.   6000 v. Chr.   4000 v. Chr.   2000 v. Chr.   0   2000 n. Chr.

Jahr

Längere Lebenserwartung

Der Hauptgrund für die Zunahme der Weltbevölkerung ist, dass die Menschen länger leben. Dank besserer medizinischer Versorgung können wir mehr gefährliche Krankheiten heilen oder verhindern als früher. Um 1800 starben rund 45 % der Kinder, bevor sie 5 Jahre alt wurden. Die durchschnittliche Lebenserwartung betrug weniger als 30 Jahre. Heute liegt sie bei über 70.

RESSOURCENVERBRAUCH

Eine wachsende Bevölkerung zehrt die begrenzten Ressourcen der Erde mehr und mehr auf.

LAND

Wildnis muss menschlichen Siedlungen weichen.

NAHRUNG

Mehr Land wird zum Anbau von Lebensmitteln gebraucht.

WASSER

Immer mehr Menschen müssen sich begrenzte Süßwasserreserven teilen.

ÖL UND GAS

Industriegesellschaften brauchen immer mehr Energie.

Wie viele werden es noch?

Wissenschaftler berechnen die Entwicklung der Weltbevölkerung voraus. Die Menschen bekommen heute weniger Kinder als früher, aber von diesen Kindern überleben mehr und sie werden älter. Hier eine Prognose:

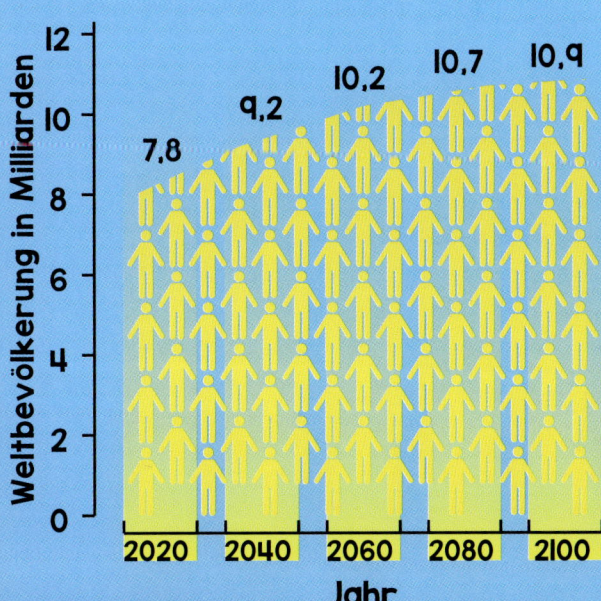

Weltbevölkerung in Milliarden

Jahr	2020	2040	2060	2080	2100
	7,8	9,2	10,2	10,7	10,9

WEM GEHÖRT DIE ERDE?

Wir Menschen sind nicht die einzigen Lebewesen auf der Erde – im Gegenteil, wir sind eigentlich nur eine kleine Minderheit! Wohin du schaust, überall um uns herum sind Tiere, Pflanzen und andere Lebewesen wie Bakterien – manche davon so klein, dass du sie mit bloßem Auge nicht sehen kannst. Die Erde ist auch ihr Planet.

Jedes Lebewesen hat seinen eigenen Lebensraum (auch Habitat genannt), an den es angepasst ist. So können zum Beispiel Kamele mit ihren breiten, flachen Hufen gut auf Wüstensand gehen, und ihre langen Wimpern verhindern, dass sie Sand in die Augen bekommen. Hier einige der wichtigsten Lebensräume:

MEERE

WÜSTEN

WÄLDER

REGENWÄLDER

POLARREGIONEN

STEPPEN/GRASLAND

ES WIRD WÄRMER

Unsere moderne Lebensweise erzeugt immer mehr Treibhausgase, die den Klimawandel vorantreiben. Die Temperaturen auf der Erde steigen, und damit werden extreme Wetterereignisse immer häufiger. Das Meereis der Arktis, das für Eisbären lebenswichtig ist, schmilzt zusehends. Wärmeres Wasser schädigt die Korallenriffe. Wirbelstürme entwurzeln Bäume und zerstören Lebensräume an den Küsten.

Verdrängt

Immer wieder nehmen Menschen Land in Besitz, das Heimat für Pflanzen und Tiere ist. Wir roden Wälder, um Häuser zu bauen oder Vieh zu züchten. Wir pflügen Grünland um und bauen dort Getreide an. Wir holen Bodenschätze aus der Erde. Wenn das geschieht, werden die Tiere, die dort leben, vertrieben oder sie sterben, so wie viele Pflanzen auch.

INFO

Jede Minute wird so viel Regenwald vernichtet, dass es der Fläche von 32 Fußballfeldern entspricht.

Voll korrekt oder voll daneben?

A Für jeden Menschen, der auf der Erde lebt, gibt es fast 200 Bäume.

B Es gibt rund 5000 bis 6000 verschiedene Säugetierarten.

C Ungefähr 10 000 Pflanzen- und Tierarten gelten als vom Aussterben bedroht.

Die Lösungen findest du am Ende des Buchs.

ARM UND REICH

In einer idealen Welt wären die Ressourcen der Erde gerecht verteilt, aber das ist leider nicht der Fall. Viele Menschen leben in großem Wohlstand und haben alles, was sie brauchen. Andere kommen gerade so über die Runden und haben kaum Geld für Luxus übrig. Und viele leben in Armut und müssen täglich ums Überleben kämpfen.

Städte und Slums

Es ist nicht etwa so, dass die Reichen in einem Teil der Welt leben und die Armen in einem anderen. An vielen Orten leben sie Seite an Seite. In großen Städten wie London (England) oder São Paulo (Brasilien) wohnen die Reichen in großen, komfortablen Häusern, während sich arme Familien oft viel zu kleine Wohnungen teilen müssen. Manche hausen sogar in selbst gebauten Hütten oder leben auf der Straße.

Gibt es genug für alle?

Fast 10 % der Weltbevölkerung haben nicht genug zu essen. Liegt das daran, dass die Bauern nicht genug Lebensmittel für alle produzieren? Nein, sagen die Wissenschaftler. Riesige Mengen Nahrungsmittel werden verschwendet, genauer: bis zu ein Drittel der Gesamtmenge! Das passiert sowohl bei der Produktion als auch bei den Verbrauchern. Und der Rest wird nicht gerecht verteilt. Denn sonst gäbe es nach Einschätzung der Forscher tatsächlich genug für jeden Menschen auf der Erde.

Hilfe zur Selbsthilfe

Hilfsorganisationen bemühen sich, den Lebensstandard der Ärmsten der Erde zu heben. Sie graben Brunnen, bauen sanitäre Anlagen, führen Impfkampagnen durch und verbessern die medizinische Versorgung. Manche bilden Einheimische zu Lehrerinnen und Lehrern oder in anderen wichtigen Berufen aus, andere helfen ihnen mit Krediten und Beihilfen, sich eine Existenz aufzubauen.

WO IST DIE OBERGRENZE?

Wie viele Menschen kann die Erde (er)tragen? Das Bevölkerungswachstum hat sich zwar verlangsamt, aber wir werden immer noch mehr. Ist irgendwann ein Punkt erreicht, wo einfach nicht mehr genug für alle da ist?

DENK MAL DRÜBER NACH!

? Dank besserer medizinischer Versorgung leben die Menschen immer länger. Was glaubst du, wie das die Weltbevölkerung beeinflusst?

? In manchen Ländern hat man die Zahl der Kinder, die eine Familie haben darf, durch Gesetze begrenzt. Damit soll verhindert werden, dass die Bevölkerung zu schnell wächst. Findest du das gerecht oder sollten die Menschen das selbst entscheiden dürfen?

? Menschen in reichen Ländern verbrauchen mehr Ressourcen. Sie reisen mehr, essen mehr und kaufen mehr ein. Was müssen wir ändern, wenn wir die Umwelt und das Klima schonen wollen?

? Durch den Bau von menschlichen Siedlungen werden oft Lebensräume von Tieren und Pflanzen zerstört. Was hat das für Folgen? Was muss sich ändern, damit die Natur besser geschützt wird?

Aktiv werden!

Gegen die Verschwendung

Wie viel Essen wird in deiner Familie weggeworfen? Durch gezieltes Einkaufen und eine kreative Resteküche kannst du die Verschwendung reduzieren.

Umweltfreundlicher leben

Denk über die Ressourcen nach, die du verbrauchst, z. B. Energie oder Plastik. Wo kannst du etwas einsparen?

Familiengeschichte

Hat schon mal jemand den Stammbaum deiner Familie erforscht? Dann schau doch mal nach, ob die Familien früher wirklich größer waren!

Spenden sammeln

Sammle Spenden für Hilfsorganisationen, die sich für die Ärmsten der Welt einsetzen. Du kannst einen Kuchenbasar organisieren, einen Spendenlauf oder einen Flohmarkt.

WEISST DU BESCHEID ÜBER DIE WELTBEVÖLKERUNG?
Teste dein Wissen!

1. Wie viele Menschen leben heute auf der Erde?

A. fast 6 Milliarden

B. fast 8 Milliarden

C. fast 10 Milliarden

2. Die Menschen werden heute älter als früher. Was ist der Hauptgrund dafür?

A. mehr zu essen

B. wärmere Kleidung

C. bessere medizinische Versorgung

3. Warum wird der Regenwald gerodet?

A. für Acker- und Weideland

B. als Maßnahme gegen den Klimawandel

C. weil die Bäume die Sicht versperren

Die Lösungen findest du am Ende des Buchs.

MENSCHEN AUF WANDERSCHAFT

Die ersten Menschen lebten vor mehreren Hunderttausend Jahren in Afrika. Von dort hat sich unsere Art über die ganze Erde aus-gebreitet. Anfangs waren die Menschen ständig unterwegs, auf der Suche nach neuen und besseren Nahrungsquellen. Erst später ließen sie sich in Siedlungen und Städten nieder.

Früher blieben die Menschen oft über Generationen an einem Ort wohnen. Viele tun das auch heute noch. Aber andere machen sich auf den Weg, manchmal auch in ein anderes Land. Das nennt man Migration. Dafür gibt es viele Gründe. Der eine möchte vielleicht an einem anderen Ort arbeiten oder studieren, die andere fühlt sich in ihrer Heimat nicht mehr sicher. Viele fliehen auch vor Kriegen und Naturkatastrophen.

ARBEITSMIGRATION

Millionen Menschen verlassen ihre Heimat, um sich vorübergehend oder auf Dauer in einem anderen Land niederzulassen. Viele tun das, weil sie auf der Suche nach einer besseren Arbeit und einem besseren Leben sind.

Auf Arbeitssuche

Menschen, die auf der Suche nach Arbeit in ein Land kommen, nennt man Arbeitsmigranten. Sie hoffen auf bessere Bezahlung und einen höheren Lebensstandard. Manche bringen ihre Familien mit, andere machen sich allein auf den Weg, und viele schicken einen Teil des verdienten Gelds nach Hause, um ihre Angehörigen zu unterstützen.

Arbeit für Migranten

Manche Migranten sind sehr gut ausge-
bildet. Sie können als Ärztinnen, Banker
oder Ingenieure arbeiten. Doch oft dauert
es lange, bis ihre Berufsabschlüsse in der
neuen Heimat anerkannt werden, und
manchmal müssen sie Kurse absolvieren
oder Prüfungen ablegen. Andere Migranten übernehmen einfachere Tätigkeiten in
Fabriken, Läden, Hotels oder Restaurants.

Ausbeutung

Meist ist es kein Problem, in ein
anderes Land einzureisen und dort zu
arbeiten, vor allem, wenn Arbeitskräfte gebraucht werden. Viele Länder schotten sich
aber auch ab. Dann reisen die Menschen,
die dringend auf der Suche nach Arbeit sind,
manchmal illegal ein. Sie landen dann oft in
schlecht bezahlten Jobs und werden von
ihren Arbeitgebern ausgebeutet. Aus
Angst, abgeschoben zu werden,
trauen sich viele nicht, dagegen
zu protestieren.

INFO

Etwa 272 Millionen Men-
schen leben nicht mehr in
dem Land, in dem sie geboren wurden. Das sind 3,5 %
der Weltbevölkerung.

FLÜCHTLINGE

Viele Menschen verlassen aus freien Stücken ihre Heimat, weil sie auf bessere Arbeitsmöglichkeiten und ein angenehmeres Leben hoffen. Aber andere haben gar keine Wahl – sie können nicht bleiben, selbst wenn sie es wollten.

Vertrieben

Es gibt verschiedene Gründe, warum Menschen gezwungen sind, ihre Heimat zu verlassen. Hier die wichtigsten:

KRIEG

Kriege zwischen Staaten oder Kämpfe zwischen verfeindeten Gruppen innerhalb eines Landes (Bürgerkriege) gefährden immer auch das Leben von Zivilisten (Unbeteiligten).

VERFOLGUNG

Menschen werden wegen ihrer Religion, ihrer ethnischen Zugehörigkeit, ihrer sexuellen Orientierung oder ihrer politischen Ansichten verfolgt.

NATURKATASTROPHEN

Erdbeben, Überschwemmungen oder Wirbelstürme zerstören Häuser und Felder und vernichten Existenzen.

KLIMAWANDEL

Die Veränderungen des Klimas machen manche Regionen der Erde unbewohnbar. Im Südpazifik sind schon ganze Inseln durch den Anstieg des Meeresspiegels verschwunden.

Gefährliche Reisen

Weltweit sind etwa 70 Millionen Menschen auf der Flucht. Viele von ihnen leben in sehr ärmlichen Verhältnissen in Lagern und warten darauf, entweder in ihre Heimat zurückkehren oder irgendwo anders ein neues Leben anfangen zu können. Manche Flüchtlinge nehmen auf der Suche nach einem Leben in Sicherheit gefährliche Reisen auf sich. Tausende sind bereits bei dem Versuch ertrunken, das Mittelmeer in kleinen, überfüllten Booten zu überqueren.

INFO

In Syrien brach 2011 ein Bürgerkrieg aus, der das Leben von vielen Menschen in Gefahr brachte. Seitdem sind 5,6 Millionen Menschen aus dem Land geflohen.

Flüchtlinge haben Rechte

Die Vereinten Nationen (UN) haben Regeln für die faire Behandlung von Flüchtlingen aufgestellt. Darin wird festgelegt, dass niemand in seine Heimat zurückgeschickt werden darf, wenn dadurch sein Leben in Gefahr wäre. Außerdem hat jeder Flüchtling das Recht, in einem anderen Land Asyl zu beantragen.

KULTURELLE VIELFALT

Die Welt ist ein Mix verschiedener Kulturen. Und noch nie hat es so viele Begegnungen zwischen Menschen verschiedener Kulturen gegeben wie heute. Das macht die Welt bunter und vielfältiger. Oft kommen Menschen zusammen, um mit Nachbarn aus anderen Kulturen Feste zu feiern.

Zusammenhalten

Manchmal ziehen Immigranten (Einwanderer) es auch vor, unter sich zu bleiben. Sie lassen sich in eigenen Stadtvierteln nieder, unter Menschen, mit denen sie ihre Sprache und ihre Kultur teilen. So gibt es in vielen Städten heute eine »Chinatown« oder ein »Klein-Istanbul«.

Wir und ihr

Obwohl es in der Geschichte der Menschen immer schon Auswanderung gab, blieben doch in früheren Zeiten die meisten dort, wo sie geboren wurden. Fremde waren ein seltener Anblick, sie galten als exotisch und wurden oft mit Argwohn betrachtet.

BUNTE SPEISEKARTE

Wir können heute aus einer großen Vielfalt von Gerichten wählen. Manche sind uns so vertraut, dass wir schon vergessen haben, woher sie ursprünglich stammen.

TACOS

aus Mexiko

CURRY

aus Indien

WOK

aus China

PASTA

aus Italien

FALAFEL

aus dem Nahen Osten

PHO

aus Vietnam

PAELLA

aus Spanien

SUSHI

aus Japan

Musik verbindet

Von Rock 'n' Roll und Bhangra über K-Pop bis Steelbands – wir hören heute Musik aus den unterschiedlichsten Kulturen. Eine Studie hat gezeigt, dass Menschen ein positiveres Bild von einer anderen Kultur haben, wenn sie Angehörige dieser Kultur beim Musizieren erlebt haben.

Voll korrekt oder voll daneben?

A. Das chinesische Neujahrsfest wird am 15. März gefeiert.

B. Diwali ist ein Fest, das von Hindus im Oktober oder November gefeiert wird.

Die Lösungen findest du am Ende des Buchs.

FREIZÜGIGKEIT FÜR ALLE?

Jedes Land bestimmt selbst, wer einreisen und dort leben darf. In manchen Regionen, z. B. in der Europäischen Union (EU), dürfen die Bürgerinnen und Bürger in jedem Mitgliedsstaat leben und arbeiten. Das nennt man »Freizügigkeit« – aber nicht alle finden es gut.

DENK MAL DRÜBER NACH!

 Hat deine Familie früher woanders gelebt? Wie würde dein Leben aussehen, wenn ihr nicht ausgewandert wärt? Glaubst du, dass die Welt eine andere wäre, wenn jeder da leben dürfte, wo er will?

In manchen Ländern zahlen die Menschen höhere Steuern, damit der Staat zum Beispiel Bildung und Gesundheitsvorsorge für alle garantieren kann. Glaubst du, dass deshalb mehr Menschen in diesen Ländern leben wollen?

Jedes Land entscheidet selbst, wer einwandern darf. Manche lassen nur Menschen einwandern, die dort schon einen Arbeitsplatz sicher haben. Andere erlauben den Nachzug von Familienmitgliedern. Was ist die gerechteste Methode, um über Zuwanderung zu entscheiden?

Fakten sammeln

Finde im Internet heraus, wie viele Menschen im letzten Jahr in dein Land eingewandert sind. Wo kamen sie her?

Rezepte testen

Probier ein Rezept aus deiner Kultur mit Freunden aus, die es noch nicht kennen. Wie schmeckt es ihnen?

Flüchtlingen helfen

Gibt es bei dir eine Flüchtlingshilfe? Was wird da am dringendsten benötigt? Du kannst Geld oder Kleider spenden oder einfach deine Zeit anbieten.

Sprachen lernen

Wie viele Herkunftsländer sind an deiner Schule vertreten? Such dir ein Land aus und versuch, ein paar Wörter oder Sätze in dieser Sprache zu lernen.

WAS WEISST DU ÜBER MIGRATION?

Teste dein Wissen!

1. Wie viel Prozent der Weltbevölkerung leben nicht in dem Land, in dem sie geboren wurden?

A. 1,5 %

B. 3,5 %

C. 10 %

2. Warum haben in den letzten Jahren Millionen Menschen Syrien verlassen?

A. Sie flohen vor dem Bürgerkrieg.

B. Ein Erdbeben hatte ihre Häuser zerstört.

C. Sie wollten bessere Jobs.

3. Aus welcher Region auf der Welt stammt die Falafel?

A. China

B. Brasilien

C. Naher Osten

Die Lösungen findest du am Ende des Buchs.

IN VERBINDUNG BLEIBEN

In der heutigen Welt sind wir vernetzt wie nie zuvor. Wir können mit Menschen in anderen Ländern skypen und mit einem Wischer übers Display Musik, Fotos und Videos miteinander zu teilen. Flugzeuge, Züge und Autos bringen uns schnell von Stadt zu Stadt und von Land zu Land. Aber das war nicht immer so.

Früher dauerten Reisen sehr lange. Man musste zu Fuß gehen, reiten oder mit Segelschiffen fahren. Kolumbus war 1492 zehn Wochen unterwegs, ehe er in Amerika landete! Handgeschriebene Briefe brauchten ebenso lange, bis sie beim Empfänger ankamen. Aber im 19. Jahrhundert wurden wichtige Erfindungen gemacht, die Kommunikation und Reisen enorm beschleunigten. Mit Telegrafen und Telefonen konnten Nachrichten schneller übermittelt werden. Eisenbahnnetze erschlossen das Land und mit Dampfschiffen dauerten Seereisen nur noch einen Bruchteil der Zeit.

DAS INTERNET-ZEITALTER

Die ersten elektronischen, programmierbaren Rechenmaschinen wurden in den 1940er-Jahren erfunden. Diese frühen Computer waren so groß wie ein Zimmer, aber ihre Rechenleistung war nach heutigen Maßstäben winzig. Und sie konnten nicht miteinander »reden«. Heutige Computer sind klein, aber leistungsstark und sie sind über das Internet miteinander verbunden.

Die Geburtsstunde des Internets

In den 1960er-Jahren wurde eine Methode entwickelt, mit der man Daten-pakete von einem Computer zu einem anderen schicken konnte. Anfangs tauschten nur eine Handvoll Regierungscomputer auf diese Weise Informatio-nen aus. 1989 hatte der Informatiker Tim Berners-Lee die Idee, ein weltweites Netzwerk zu schaffen, das World Wide Web (WWW), das für alle Menschen zugänglich sein sollte.

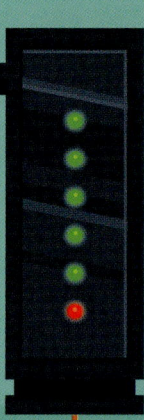

Über ein Modem kann ein Computer mit einem Internet-Provider (ISP) verbunden werden.

Wenn du eine URL (Internetadresse) eingibst, schickt dein Computer eine Anfrage für diese Website ab. In Sekundenschnelle ist die Website aufgerufen, selbst wenn die Dateien dafür am anderen Ende der Welt gespeichert sind.

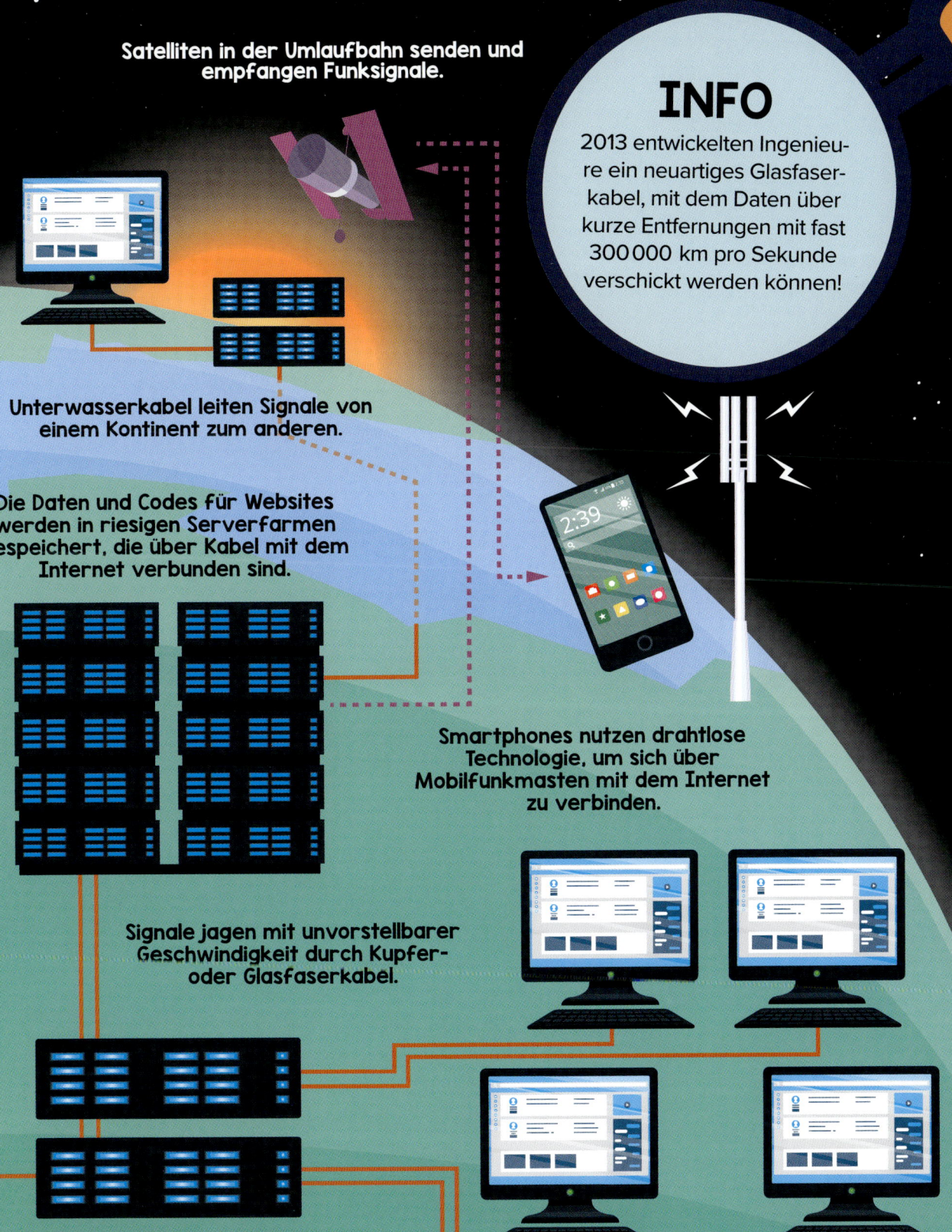

Satelliten in der Umlaufbahn senden und empfangen Funksignale.

INFO

2013 entwickelten Ingenieure ein neuartiges Glasfaserkabel, mit dem Daten über kurze Entfernungen mit fast 300 000 km pro Sekunde verschickt werden können!

Unterwasserkabel leiten Signale von einem Kontinent zum anderen.

Die Daten und Codes für Websites werden in riesigen Serverfarmen gespeichert, die über Kabel mit dem Internet verbunden sind.

Smartphones nutzen drahtlose Technologie, um sich über Mobilfunkmasten mit dem Internet zu verbinden.

Signale jagen mit unvorstellbarer Geschwindigkeit durch Kupfer- oder Glasfaserkabel.

Über die Server des Providers wird der Datenaustausch zwischen Computern und dem Internet gesteuert.

29

IMMER SCHNELLER, IMMER WEITER

Es ist noch gar nicht so lange her, da war Reisen viel weniger selbstverständlich als heute. Nur reiche Menschen konnten es sich leisten, auf lange Fahrten zu gehen – viele Menschen verbrachten ihr ganzes Leben in der unmittelbaren Umgebung ihres Geburtsorts. Aber heute reisen wir schneller, weiter und öfter als je zuvor.

Das Dampfzeitalter

In den 1830er-Jahren kam es durch die Dampflokomotive zu einer Revolution im Reiseverkehr. Nun konnten Menschen problemlos von einer Stadt in die andere oder von der Stadt aufs Land reisen. Güter konnten schneller transportiert werden und auch Zeitungen und Post waren nicht mehr so lange unterwegs.

AUF HOHER SEE

Schiffsreisen dauerten auch im Dampfzeitalter noch ziemlich lange. Um 1900 brauchten selbst die schnellsten Ozeandampfer für die Fahrt von Europa nach Amerika fast eine Woche. Für die Passagiere in der ersten Klasse gab es luxuriöse Kabinen, aber die Unterkünfte für die Ärmeren waren sehr beengt und ohne Komfort.

UNTERWEGS

Ozeandampfer und Dampfloks sind längst durch schnellere und leistungsfähigere Verkehrsmittel ersetzt worden. So gelangt man heute von A nach B:

AUTOS

Auf den Straßen der Welt sind heute mehr als eine Milliarde Pkw unterwegs – und es werden immer noch mehr.

ZÜGE

Dieselmotoren und Elektroantrieb haben die Dampflok ersetzt. Die schnellsten Züge schaffen über 400 km/h. In großen Städten wird der Straßenverkehr durch U-Bahnen entlastet.

FLUGZEUGE

Fliegen ist die schnellste Art des Reisens zwischen Ländern und Kontinenten. Jedes Jahr besteigen weltweit vier bis fünf Milliarden Passagiere ein Flugzeug.

DIE ZUKUNFT DES REISENS

Wie werden wir morgen reisen? Vielleicht ganz anders als heute.

SELBSTFAHRENDE AUTOS

Fahrer überflüssig! Einfach nur das Ziel eingeben und der Autocomputer erledigt den Rest.

FLUGTAXIS

Wie die selbstfahrenden Autos würden auch diese fliegenden Taxis keinen Piloten benötigen.

HYPERSCHALL-FLUGZEUGE

Diese Flugzeuge sollen die Reisezeiten enorm verkürzen, indem sie in sehr großer Höhe fliegen.

DIE WELT SEHEN

Urlaubsreisen sind für viele von uns das Größte. Wir können interessante Städte erkunden und die fantastischen Naturwunder der Welt sehen. Reisen sind auch eine tolle Gelegenheit, neue Leute zu treffen und andere Kulturen kennenzulernen. Der Tourismus boomt – und immer mehr Menschen leben davon.

TOURISMUS IST GUT

Tourismus kann viel Gutes bewirken. Hier ein paar Beispiele:

GUT FÜR DIE WIRTSCHAFT

Touristen beleben die Wirtschaft an den Orten, die sie besuchen. Hotels, Geschäfte und Sehenswürdigkeiten sind oft auf Tourismus angewiesen.

DAS FREMDE KENNENLERNEN

Menschen, die ein anderes Land besuchen, lernen oft etwas über die dortige Kultur.

KULTURSTÄTTEN BEWAHREN

Wenn Touristen in ein Land kommen, um historische Stätten zu besichtigen, ist das ein Anreiz für die Regierung, sie zu erhalten.

REISEN BILDET

Studien haben gezeigt, dass Reisen Stress verringert und Menschen glücklicher und kreativer macht.

TOURISMUS IST SCHLECHT

Leider hat der Tourismus nicht nur positive Auswirkungen. Hier einige der problematischen Seiten:

UMWELTSCHÄDEN

Flugzeuge und andere Verkehrsmittel stoßen CO_2 aus, das zum Klimawandel beiträgt.

»ÜBERTOURISMUS«

Beliebte Urlaubsziele sind oft völlig überlaufen. Touristen hinterlassen Müll, verunstalten die Landschaft und schädigen empfindliche Ökosysteme.

KEIN PLATZ FÜR EINHEIMISCHE

An beliebten Urlaubszielen werden Wohnungen oft an Touristen vermietet. Dadurch steigen Mieten und Grundstückspreise, die Einheimischen werden verdrängt.

SCHÄDEN UND ZERSTÖRUNGEN

Wenn Orte für den Tourismus erschlossen werden, wird oft durch Straßenbau und andere Maßnahmen viel Natur zerstört.

DIE ZUKUNFT DES TOURISMUS?

Manche Unternehmer planen, Touristen ins Weltall zu schießen! Mit Spezialflugzeugen sollen die Passagiere in Höhen gebracht werden, wo sie Schwerelosigkeit erfahren können. Billig ist das allerdings nicht – ein Flug könnte um die 200 000 Euro kosten. Andere Firmen wollen sogar Reisen zum Mond anbieten!

DIE LETZTEN VERBLIEBENEN

Auch heute sind nicht alle Menschen auf der Erde vernetzt. Manche bleiben lieber für sich und haben nicht das Bedürfnis, ihr Dorf oder ihre Gemeinschaft zu verlassen. Und es gibt immer noch vereinzelt Völker, die jeden Kontakt mit der Außenwelt vermeiden.

Isolierte Völker

Wir sprechen von »isolierten Völkern«, wenn eine Gemeinschaft von Menschen ganz abgeschnitten von der Zivilisation lebt. Diese Völker sind meist in sehr abgelegenen Gegenden zu Hause, etwa tief im Amazonas-Regenwald, wo sie ihre Hütten und Werkzeuge aus natürlichen Materialien herstellen. Sie leben meist im Einklang mit der Natur, so wie ihre Vorfahren.

AN DEN RAND GEDRÄNGT

Als die Europäer vor rund 500 Jahren begannen, die Welt zu entdecken und zu unterwerfen, war es nichts Ungewöhnliches, auf Stämme zu treffen, die noch nie einen Weißen gesehen hatten. Heute sind isolierte Völker sehr selten. Man schätzt, dass kaum mehr als 100 von ihnen übrig sind, die meisten davon in Südamerika.

Völker in Gefahr

Viele der verbliebenen isolierten Völker halten sich aus Angst versteckt, weil ihre bisherigen Kontakte mit der Außenwelt für sie übel endeten. Schon früh lernten die indigenen (einheimischen) Völker Südamerikas, die weißen Europäer zu fürchten, und sie haben dieses Misstrauen bis heute von Generation zu Generation weitergegeben.

Heute sind die Völker der Amazonasregion ganz konkret von Menschen bedroht, die ihnen ihr Land wegnehmen wollen, um Holz zu schlagen oder Landwirtschaft zu betreiben. Manche Länder haben eigene Regierungsstellen, deren Aufgabe es ist, diese Völker zu schützen, ohne ihnen dabei zu nahe zu kommen.

Voll korrekt oder voll daneben?

A. Isolierte Völker wissen gar nicht, dass es die Außenwelt überhaupt gibt.

B. Die Angehörigen von isolierten Völkern haben wenig Abwehrkräfte gegen verbreitete Krankheiten und sind deshalb sehr gefährdet.

Die Lösungen findest du am Ende des Buchs.

IST ES BESSER, VERNETZT ZU SEIN?

Heutzutage sind wir fast alle in einer Weise miteinander verbunden, von der frühere Generationen nur träumen konnten. Dank der Verbesserungen im Reiseverkehr und des Aufstiegs von Internet und digitalen Netzwerken sind wir stärker vernetzt als je zuvor. Aber ist das immer eine gute Sache?

DENK MAL DRÜBER NACH!

 Wir können in Internetforen posten, ohne unseren richtigen Namen zu nennen. Manche finden das toll, aber kann es nicht auch dazu führen, dass mehr Leute gemeine Sachen posten und andere mobben?

 In den Internetmedien können wir Nachrichten und Videos in Sekundenschnelle miteinander teilen, aber wie schaffen wir es, nicht auf »Fake News« (falsche oder unwahre Nachrichten) reinzufallen?

 Flugreisen sind billig und man ist schnell am Ziel, aber sie tragen auch zum Klimawandel bei. Wie können wir umweltfreundlicher reisen?

 Menschen reisen aus allen möglichen Gründen in der Welt umher, wodurch sich auch Krankheiten wie COVID-19 schnell verbreiten können. Sollten wir lieber weniger reisen, um uns davor zu schützen?

Geschichte erforschen

Such im Internet einen Screenshot der allerersten Website. Worin unterscheidet sie sich von heutigen Websites?

Reisen planen

Plan eine Reise um die Welt, bei der du möglichst viele verschiedene Verkehrsmittel benutzt. Wie lange würde die Reise dauern?

Luftschiff mit Raketenantrieb

Zieh einen langen Bindfaden durch einen Strohhalm. Binde dann das eine Ende an eine Türklinke und das andere an einen Stuhl, sodass der Faden straff gespannt ist.

Blas einen Luftballon auf und halte die Öffnung fest zu. Befestige den Ballon mit Tesafilm an dem Strohhalm, lass ihn los und schau zu, wie dein Luftschiff davonsaust!

UNSERE VERNETZTE WELT
Teste dein Wissen!

1. Wie lange brauchte Kolumbus für die Fahrt nach Amerika?

A. 10 Tage

B. 10 Wochen

C. 10 Jahre

2. Welche Rolle spielen Satelliten für das Internet?

A. Sie senden und empfangen Signale.

B. Sie spähen Hacker aus.

C. Sie speichern Website-Daten.

3. Wie viele Passagiere besteigen jedes Jahr ein Flugzeug?

A. 2–3 Milliarden

B. 4–5 Milliarden

C. 7–8 Milliarden

Die Lösungen findest du am Ende des Buchs.

WAS IST GLOBALISIERUNG?

Es gibt ein Wort für die Art von Vernetzung, die unsere heutige Welt prägt: Globalisierung. Dahinter steckt mehr als nur »um die Welt reisen« und »Videos im Internet miteinander teilen«. Globalisierung heißt, dass die Länder der Welt und ihre Volkswirtschaften immer enger miteinander verbunden sind.

Gibt es bei dir in der Nähe einen McDonald's oder eine Starbucks-Filiale? Wenn du eine Weltreise machst, wirst du feststellen, dass sie so gut wie überall sind. Beide kommen ursprünglich aus den USA, sind aber inzwischen in sehr vielen Ländern vertreten. Das sind nur zwei Beispiele von Firmen, die sich auf der ganzen Welt ausgebreitet haben. Moderne Verkehrsanbindungen und Kommunikationmethoden machen es möglich, dass Unternehmen ihre Produkte und Dienstleistungen auf der ganzen Welt vermarkten.

LANGE WEGE, KURZE WEGE

Wenn du das nächste Mal eine Banane isst, denk daran, dass sie wahrscheinlich eine Reise von mehreren Tausend Kilometern hinter sich hat! Unsere Vorfahren mussten sich mit dem begnügen, was in ihrer Nähe wuchs, und sie mussten warten, bis es erntereif war. Heute können wir das ganze Jahr lang essen, worauf wir gerade Lust haben.

WEIT GEREISTE SPEISEN

Selbst in einem einfachen Gericht stecken oft Zutaten aus aller Welt. Heute reisen nicht nur Menschen, sondern auch Lebensmittel um den halben Erdball – per Schiff, Flugzeug, Zug oder Lkw. Dabei wird aber immer klimaschädliches CO_2 freigesetzt. Das ist natürlich ganz schlecht für die Ökobilanz. Regionale Produkte sind meist besser für die Umwelt. Schau dir an, welche Wege die Zutaten in dieser Pizza und in dem Smoothie hinter sich haben.

Oliven aus Spanien

Salami von deutschen Schweinen, hergestellt in einer italienischen Fabrik

Pizzaboden aus Mehl von irischem Weizen

Käse aus Milch von britischen Kühen

Tomaten aus Italien, zu Soße verarbeitet in Frankreich

Joghurt aus Griechenland, im Kühllaster transportiert

JOGHURT

Heidelbeeren aus Marokko, eingeflogen

Schwarzer Pfeffer aus Vietnam, per Schiff transportiert

Bananen aus Kolumbien, im Schiff über den Atlantik transportiert

Erdbeeren aus einem holländischen Gewächshaus, per Zug transportiert

ARBEIT IN DER GLOBALISIERTEN WIRTSCHAFT

Die Globalisierung hat unser Leben in vielen Bereichen verändert, auch in der Arbeitswelt. Früher war eine Firma, die Mitarbeiter einstellen wollte, auf die Einwohner der näheren Umgebung angewiesen. Heute können große Konzerne Fabriken und Callcenter am anderen Ende der Welt errichten und ihr Personal dort einstellen, wo die Löhne am niedrigsten sind.

Multinationale Konzerne

Auch früher gab es schon Händler, die sich auf weite Reisen machten, um exotische Waren zu beschaffen. Aber die meisten Betriebe kauften und verkauften ihre Produkte nur innerhalb ihrer Region. Heute haben große Unternehmen Niederlassungen in vielen verschiedenen Ländern. Ein Konzern kann seine Zentrale in einem Land haben, aber Fabriken und Vertriebsstellen in anderen Ländern besitzen.

In vielen europäischen Ländern sind die Löhne relativ hoch. Unternehmen aus diesen Ländern können Geld sparen, indem sie Mitarbeiter in anderen Ländern einstellen, wo die Löhne niedriger sind. So haben zum Beispiel manche europäischen Firmen ihre Callcenter in Indien oder lassen ihre Produkte in Fabriken in China oder Vietnam herstellen.

INFO

Nestlé stellt viele bekannte Lebensmittel- und Getränkemarken her. Der Firmensitz ist in der Schweiz, doch der Konzern hat Büros und Fabriken in über 100 Ländern und beschäftigt fast 300 000 Mitarbeiter auf der ganzen Welt.

Wer profitiert?

Die Verlagerung der Produktion ins Ausland ist gut für die Unternehmen: Sie sparen Kosten. Wenn sie ihre Waren dann billiger anbieten, haben auch die Kunden etwas davon. Gleichzeitig werden in den ärmeren Ländern Jobs geschaffen. Aber es gibt auch Nachteile: In den reicheren Ländern gehen Arbeitsplätze verloren. Dadurch nimmt der Staat weniger Einkommensteuer ein und hat somit weniger Geld für öffentliche Dienstleistungen zur Verfügung. Außerdem werden die Arbeiter und Arbeiterinnen in den ärmeren Ländern oft ausgebeutet. Sie arbeiten lange für wenig Geld und es gibt oft Probleme mit der Sicherheit am Arbeitsplatz.

DIE FABRIKEN DER WELT

Hast du mal das Kleingedruckte auf dem Etikett deiner Jeans gelesen? Oder auf der Rückseite deines Handys oder deines Tablets? Da müsste stehen, wo das Produkt hergestellt wurde. Und das ist wahrscheinlich nicht das Land, in dem du lebst. Viele der Dinge, die wir täglich benutzen, werden im Ausland produziert.

WLAN-Chip, entwickelt von einer US-Firma, hergestellt in Mexiko

Viele Smartphones werden in China hergestellt. Doch die Teile, aus denen sie zusammengebaut werden, kommen oft von ganz woanders her. Ein wahrhaft globales Produkt!

Audiochip, entwickelt von einer US-Firma, hergestellt in Singapur

INFO

Manche Länder haben sich auf die Herstellung bestimmter Produkte spezialisiert. Markenkleidung wird zum Beispiel oft in Indien, Vietnam oder Bangladesch genäht.

SPITZENREITER

China wird oft die »Fabrik der Welt« genannt, weil so viele Produkte dort hergestellt werden. Chinas Anteil an der Weltproduktion beträgt inzwischen 28 %! An zweiter Stelle kommen die USA mit 16 %, Japan liegt auf dem dritten Platz.

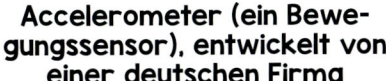

Accelerometer (ein Bewe-
gungssensor), entwickelt von
einer deutschen Firma

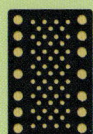

Kamera und Speicher-
chip aus Japan

Batterie aus
Südkorea

LCD-Bildschirm, entwickelt
von einer südkoreanischen
Firma, hergestellt in Polen

Glas-Display, entwickelt von einer US-Firma,
hergestellt in Malaysia

Warum im Ausland produzieren?

Billige Arbeitskraft ist ein wichtiger Grund, wes-
halb Unternehmen in anderen Ländern produzieren lassen. Länder wie China locken auslän-
dische Firmen außerdem mit Steuervorteilen an.
Auch die strengen Umweltschutzgesetze und
Arbeitsschutzbestimmungen in Europa können
die Produktion teurer machen. Es ist billiger, die
Produkte in Ländern herstellen zu lassen, wo es
solche Gesetze nicht gibt.

REGIONAL ODER GLOBAL?

Jeden Tag essen wir Lebensmittel aus aller Welt und benutzen Produkte, die in fernen Ländern hergestellt wurden. Aber normalerweise gibt es auch bei uns in der Nähe Bauernhöfe und Fabriken. Sollten wir nicht alle versuchen, mehr regional einzukaufen?

DENK MAL DRÜBER NACH!

? Wenn du Lebensmittel aus der Region kaufst, musst du dir keine Gedanken wegen der langen Transportwege machen. Aber Ananas oder Kaffee hat der Bauernmarkt wahrscheinlich nicht im Angebot. Woran liegt das wohl?

? Supermarktketten kaufen bei großen Herstellern gewaltige Mengen ein. Macht es das kleinen, regionalen Produzenten schwerer, ihre Lebensmittel in die Regale zu bekommen?

? Wenn Waren hier bei uns anstatt in Billiglohnländern produziert werden, sind sie vielleicht teurer. Glaubst du, dass die Leute bereit wären, mehr zu bezahlen, wenn es dadurch für Einheimische mehr Jobs gäbe, mit guter Bezahlung und vernünftigen Arbeitsbedingungen?

? Viele der Produkte, die in ärmeren Ländern hergestellt werden, sind von Unternehmen in reicheren Ländern entwickelt worden und werden von diesen verkauft. Was glaubst du, wer von diesem System die größeren Vorteile hat?

Regional einkaufen

Geh auf einen Bauernmarkt oder in einen Bioladen und finde heraus, welche Lebensmittel aus der Region stammen. Kannst du ein regionales Rezept für die ganze Familie kochen?

Etiketten checken

Schau auf den Etiketten deiner Kleidung und anderer Produkte nach,
wo sie herkommen. Such dann die
Länder auf einer Weltkarte.

Ökobilanz ermitteln

Sieh auf den Etiketten nach, wo
deine Lebensmittel herkommen.
Wie weit sind die einzelnen Zutaten
gereist? Welche hat den längsten
Weg hinter sich?

HAST DU DIE GLOBALISIERUNG GECHECKT?
Teste dein Wissen!

1. Welches Gas wird freigesetzt, wenn Lebensmittel aus fernen Ländern importiert werden?

- A. Kohlendioxid
- B. Stickstoffoxid
- C. Helium

2. Was ist ein sogenannter Multi?

- A. ein Multivitaminsaft
- B. eine Kreuzung zwischen Pferd und Esel
- C. ein multinationaler Konzern

3. Welches Land produziert mehr Waren als alle anderen?

- A. China
- B. USA
- C. Bangladesch

Die Lösungen findest du am Ende des Buchs.

PROBLEME UND LÖSUNGEN

In unserer modernen Welt haben wir mit vielen Problemen zu kämpfen, von Arbeitslosigkeit und Umweltverschmutzung über Pandemien bis hin zum Klimawandel. Manche dieser Probleme können vor Ort gelöst werden, bei anderen müssen Menschen und Regierungen auf der ganzen Welt an einem Strang ziehen.

Konzerne sind weltweit aktiv, Kulturen mischen sich – und auch viele unserer Probleme sind nicht mehr auf ein Land beschränkt. Umweltverschmutzung stoppt nicht an Ländergrenzen. Das CO_2, das in einem Teil der Welt freigesetzt wird, beeinflusst das Klima auf der ganzen Welt. Oft wird sogar Müll aus einem Land exportiert und anderswo auf eine Halde gekippt.

Zum Glück gibt es auch keine Grenzen für das Engagement von Menschen, die diese Probleme lösen wollen. In Hilfsorganisationen und Initiativen arbeiten Menschen aus aller Welt gemeinsam an einer besseren Zukunft.

INTERNATIONALE ZUSAMMENARBEIT

Jedes Land macht seine eigenen Gesetze, aber häufig arbeiten verschiedene Staaten auch zusammen. Es gibt eine ganze Reihe internationaler Organisationen mit unterschiedlich vielen Mitgliedsstaaten.

Erste Schritte

Nach dem Ende des Ersten Weltkriegs 1918 wollte man eine Wiederholung dieses furchtbaren Blutvergießens unbedingt verhindern. So wurde der Völkerbund gegründet, der helfen sollte, Auseinandersetzungen zwischen Staaten friedlich beizulegen. Doch viele Länder, darunter die USA, wollten nicht mitmachen. Sie fürchteten, in internationale Konflikte hineingezogen zu werden.

Die Vereinten Nationen

Der Völkerbund hatte den Zweiten Weltkrieg (1939–1945) nicht verhindern können. Vor dem Hintergrund dieser Erfahrung wurde eine neue Organisation gegründet: die Vereinten Nationen (UN). Die Vereinten Nationen haben das Ziel, die Lebensbedingungen von Menschen auf der ganzen Welt zu verbessern. Heute sind fast alle Staaten der Welt Mitglieder. Ihre Vertreter kommen im Hauptquartier der UN in New York zusammen.

INFO

Die UN haben ein Team von Dolmetschenden, die alle Reden simultan (gleichzeitig) in die sechs offiziellen Sprachen der UN übersetzen, sodass alle Mitglieder den Debatten folgen können.

UN-ORGANE

Die UN haben mehrere Unterorganisationen oder Organe, die sich um besondere Aufgaben kümmern. Hier sind ein paar davon:

UNICEF

Das Kinderhilfs-werk der UN führt Impfungen durch und sorgt für Schulbildung, sauberes Wasser etc.

WELTBANK

Sie vergibt Kredite an Entwicklungsländer, z. B. für den Bau von Schulen oder für Be-wässerungsprojekte.

UNHCR

Das Hohe Flücht-lingskommissa-riat der UN bietet Flüchtlingen Schutz und Hilfe.

FAO

Die Ernährungs- und Landwirtschaftsor-ganisation bekämpft den Hunger auf der Welt und hilft den Landwirten.

REGIONALE ORGANISATIONEN

Neben den UN, eine Organisation, die weltweit tätig ist, gibt es noch kleinere Zusammen-schlüsse auf den verschiedenen Kontinenten.

EUROPÄISCHE UNION

Die Bürgerinnen und Bürger der 27 Mit-gliedsstaaten dürfen überall in der EU leben und arbeiten.

AFRIKANISCHE UNION

Sie bemüht sich um die Beilegung von Streitigkeiten zwi-schen afrikanischen Staaten und die Ar-mutsbekämpfung.

ARABISCHE LIGA

Dies ist eine Gruppe arabischsprachiger Staaten in Nordafrika und im Nahen Osten.

ASEAN (VERBAND SÜDOSTASIATISCHER NATIONEN)

Er bemüht sich um die Verbesserung von Handelsbe-ziehungen und die Friedenssicherung.

NATURKATASTROPHEN

Naturkatastrophen können überall und jederzeit zuschlagen. Trotz aller Vorsichtsmaßnahmen passiert manchmal etwas, womit man nicht gerechnet hat. Nach einem Erdbeben, einem Tsunami oder einem Wirbelsturm ist schnelles Handeln nötig, um Leben zu retten. Oft bieten Menschen aus anderen Ländern ihre Hilfe an.

KATASTROPHENALARM!

Naturkatastrophen sind Unglücke, die durch natürliche Vorgänge in der Erde ausgelöst werden, wie etwa:

ERDBEBEN

ERDRUTSCHE

VULKANAUSBRÜCHE

TORNADOS

ÜBERSCHWEMMUNGEN

WALDBRÄNDE

DÜRREN

TSUNAMIS

METEORITENEINSCHLÄGE

WIRBELSTÜRME

Erste Hilfe

Oft werden Menschen bei Naturkatastrophen verletzt oder getötet. Dann werden die Hilfsdienste vor Ort aktiv, oft unterstützt von internationalen Teams. Sie bergen Verschüttete aus eingestürzten Häusern, errichten Notunterkünfte und behandeln die Verletzten.

Wiederaufbau

Die Nachwirkungen von Naturkatastrophen können genauso gefährlich sein wie das Ereignis selbst. Es dauert lange, bis zerstörte Häuser wieder aufgebaut sind, die Versorgung mit Strom und Wasser wieder funktioniert und die Menschen wieder ein normales Leben führen können.

Rotes Kreuz und Roter Halbmond

Das Rote Kreuz wurde ursprünglich in der Schweiz gegründet, um Soldaten zu helfen, die in der Schlacht verwundet wurden. Heute bietet es seine Hilfe allen an, die von Krieg oder Naturkatastrophen betroffen sind. Die meisten Länder haben ihr eigenes Rotes Kreuz, in muslimischen Ländern ist es der Rote Halbmond. Sie alle helfen allen Menschen, ohne Ansehen von Nationalität oder Religion.

Voll korrekt oder voll daneben?

A. Der Tsunami von 2004 im Indischen Ozean kostete über 225 000 Menschen das Leben.

B. »Taifun« und »Hurrikan« sind beides Namen für Wirbelstürme.

C. Das Rote Kreuz bekam für seine Arbeit bereits zweimal den Friedensnobelpreis.

Die Lösungen findest du am Ende des Buch.

PANDEMIEN

Ende 2019 tauchte plötzlich ein neuartiges Virus auf, das sich schnell in der ganzen Welt verbreitete. Im März 2020 erklärte die Weltgesundheitsorganisation WHO die Ausbreitung der neuen Krankheit namens »COVID-19« zu einer Pandemie.

Was ist eine Pandemie?

Von Pandemie spricht man, wenn sich eine ansteckende Krankheit über (mehr oder weniger) die ganze Welt ausbreitet und sehr viele Menschen betrifft. An früheren Pandemien wie dem Schwarzen Tod (= die Pest) im 14. Jahrhundert oder der Spanischen Grippe, die 1918 ausbrach, starben Millionen von Menschen in der ganzen Welt.

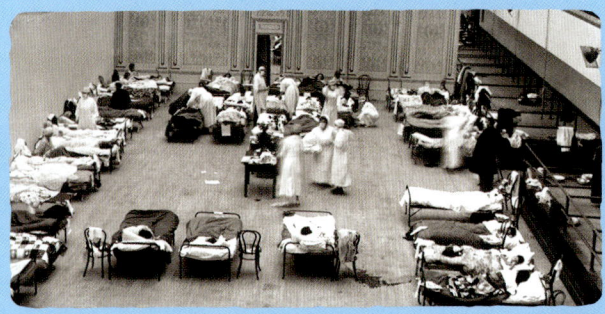

Rasend schnell

In unserer supervernetzten Welt können sich Pandemien noch schneller ausbreiten als früher. Krankheiten wie COVID-19 breiten sich besonders leicht aus, weil infizierte Menschen andere anstecken können, ohne zu wissen, dass sie das Virus in sich tragen. Wenn einer dieser Menschen in ein Flugzeug steigt, reist das Virus mit und kann in einem anderen Land eine neue Infektionskette starten. COVID-19 hat so innerhalb von einem halben Jahr fast alle Länder der Erde erreicht.

DIE AUSBREITUNG EINDÄMMEN

Jedes Land trifft seine eigenen Entscheidungen im Kampf gegen Pandemien wie COVID-19. Die sicherste Methode ist Abstandhalten, deshalb verhängten 2020 viele Länder einen »Lockdown«: Geschäfte und Lokale wurden geschlossen, und die Menschen wurden aufgefordert, zu Hause zu bleiben.

GEMEINSAME ANSTRENGUNGEN

Im Kampf gegen Pandemien teilen Wissenschaftler auf der ganzen Welt ihre Erkenntnisse. Sie arbeiten mit Hochdruck an Medikamenten und Impfstoffen. Auch Ärzte tauschen sich untereinander aus, um die besten Behandlungsmethoden zu finden. Sogar Regierungen und Gesundheitsdienste können zusammenarbeiten und Schutzkleidung oder Masken dorthin schicken, wo sie am dringendsten gebraucht werden.

KLIMAWANDEL

Die Erde erwärmt sich, und daran sind wir Menschen schuld. Der Temperaturanstieg verursacht jetzt schon ernsthafte Probleme für uns und die anderen Lebewesen auf der Erde. Der Klimawandel ist wohl die größte Herausforderung, mit der wir es zu tun haben, und die Staaten der Erde müssen enger denn je zusammenarbeiten, um ihn zu stoppen.

Kühe und andere Nutztiere setzen beim Rülpsen oder Pupsen ein Gas namens Methan (CH_4) frei, das ebenso wie CO_2 zum Treibhauseffekt beiträgt.

Höhere Temperaturen verändern das normale Wettergeschehen. Schwere Stürme, Überschwemmungen, Hitzewellen und Dürren werden häufiger.

Wenn sich das Wasser in den Ozeanen erwärmt, dehnt es sich aus und der Meeresspiegel steigt.

DEN KLIMAWANDEL AUFHALTEN

Die wichtigste Maßnahme im Kampf gegen den Klimawandel ist die Verringerung des CO_2-Ausstoßes. Dazu sind harte Entscheidungen nötig. Wir müssen weniger reisen und weniger konsumieren. Die Regierungen müssen viel Geld in alternative Energien wie Windkraft und Solarenergie investieren. Und wir müssen auch denjenigen helfen, die jetzt schon vom Klimawandel betroffen sind.

Bäume entziehen der Luft CO_2 und speichern es. Wenn Wälder gerodet werden, bleibt mehr CO_2 in der Atmosphäre.

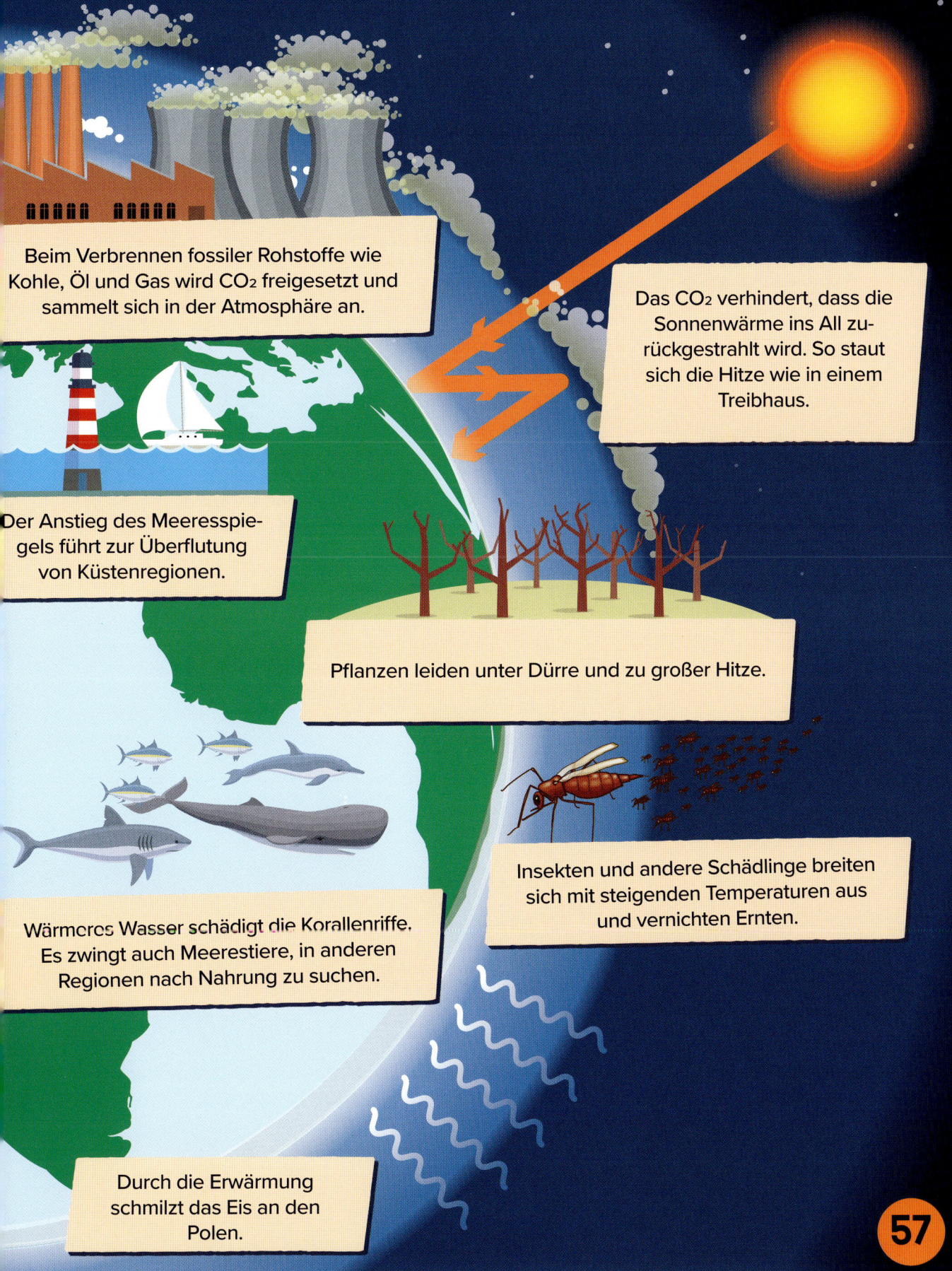

Beim Verbrennen fossiler Rohstoffe wie Kohle, Öl und Gas wird CO_2 freigesetzt und sammelt sich in der Atmosphäre an.

Das CO_2 verhindert, dass die Sonnenwärme ins All zurückgestrahlt wird. So staut sich die Hitze wie in einem Treibhaus.

Der Anstieg des Meeresspiegels führt zur Überflutung von Küstenregionen.

Pflanzen leiden unter Dürre und zu großer Hitze.

Insekten und andere Schädlinge breiten sich mit steigenden Temperaturen aus und vernichten Ernten.

Wärmeres Wasser schädigt die Korallenriffe. Es zwingt auch Meerestiere, in anderen Regionen nach Nahrung zu suchen.

Durch die Erwärmung schmilzt das Eis an den Polen.

WAS, WENN WIR UNS NICHT EINIG WERDEN?

Die Menschen haben unterschiedliche Vorstellungen davon, wie Probleme zu lösen sind, und das gilt auch für Länder! Im schlimmsten Fall kann so etwas zum Krieg führen. Aber es ist schon schlimm genug, wenn wir uns nicht einig sind, wie wir mit globalen Problemen wie dem Klimawandel umgehen sollen.

DENK MAL DRÜBER NACH!

? Die UN versuchen Streitigkeiten zwischen Staaten beizulegen. Gleichzeitig bemühen sie sich, das Leben der einfachen Bevölkerung zu verbessern. Findest du, dass diese zwei Rollen gleich wichtig sind?

? Manche Länder haben internationale Vereinbarungen zur Bekämpfung des Klimawandels getroffen. Aber nicht alle machen mit. Findest du es in Ordnung, dass manche Länder strenge Maßnahmen ergreifen, auch wenn andere das nicht tun?

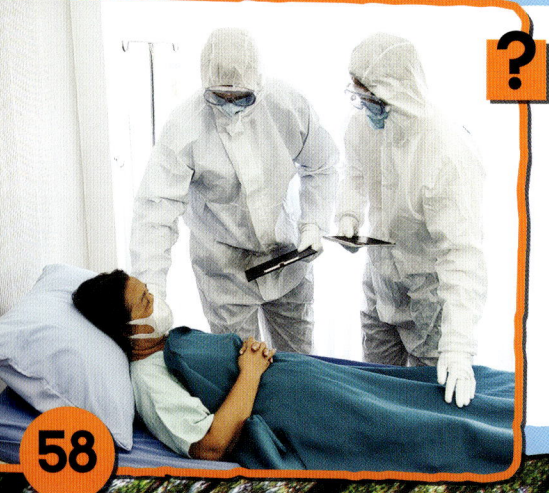

? Auf unserem vernetzten Planeten konnte sich COVID-19 schnell ausbreiten, aber die Vernetzung macht es auch möglich, dass Forscher sich über Methoden zur Bekämpfung der Krankheit austauschen. Was wäre deiner Meinung nach anders gewesen, wenn die Pandemie sich vor 200 Jahren ereignet hätte?

UN-Expertin

Finde heraus, welche Organisationen noch zu den Vereinten Nationen gehören. Sind welche darunter, bei denen du gerne mitmachen würdest?

Katastrophen-helfer

Kannst du ein Katas-trophenhilfswerk un-terstützen? Frag nach, was am dringendsten gebraucht wird, und spende dann Kleider, Essen oder Hygiene-artikel.

Umweltheld

Bäume nehmen CO_2 auf. Kannst du zu Hause oder an deiner Schule einen Baum pflanzen? Oder bei einem Aufforstungs-projekt in deiner Nähe mitmachen?

Klimafreundlich unterwegs

Wie oft fährst du mit dem Auto? Wie viele Wege könntest du stattdessen umwelt-freundlicher mit dem Fahrrad oder zu Fuß zurücklegen?

BIST DU FIT IN INTERNATIONALER ZUSAMMENARBEIT?
Teste dein Wissen!

1. Wann wurden die Vereinten Nationen gegründet?

A. nach dem Ersten Weltkrieg

B. nach dem Zweiten Weltkrieg

C. während der COVID-19-Pandemie

2. Wie heißt die Organisation, die Opfern von Kriegen und Naturkatastrophen hilft?

A. Rotes Kreuz

B. Blaues Kreuz

C. Oranger Halbmond

3. Welcher Staat wollte beim Völkerbund nicht mitmachen?

A. Australien

B. Kanada

C. die USA

Die Lösungen findest du am Ende des Buchs.

DIE ZUKUNFT BIST DU!

Die Lebensweise der meisten Menschen belastet die Ökosysteme und die natürlichen Ressourcen der Erde sehr stark. Aber wir können etwas tun – indem wir unseren Lebensstil verändern! Und wir können uns dafür einsetzen, dass alle Bewohner dieser Erde ein sicheres, gesundes und glückliches Leben haben.

Wie geht es weiter?

Das Anwachsen der Erdbevölkerung schafft große Probleme. Mehr Menschen heißt: mehr hungrige Mägen, mehr Verbrauch von Energie und Ressourcen. Wissenschaftler sagen voraus, dass das Bevölkerungswachstum sich verlangsamen und bis zum Jahr 2100 fast zum Stillstand kommen wird. Trotzdem müssen wir den Verbrauch pro Kopf senken, wenn wir nachhaltig leben wollen. Aber haben die Menschen in den ärmeren Ländern nicht auch ein Recht auf einen höheren Lebensstandard? Eine schwierige Frage ...

INFO

Wir haben schon einiges verändert. Ein Beispiel ist der Boom von Elektroautos, die kein CO_2 ausstoßen. 2012 fuhren auf den Straßen der Welt kaum 100 000 E-Autos, heute sind es 4 Millionen.

CO₂-Abscheidung

Unseren CO_2-Ausstoß zu vermindern, ist eine Sache, aber wie wäre es, wenn wir das Kohlendioxid, das schon in der Atmosphäre ist, verschwinden lassen könnten? Wissenschaftler arbeiten an Methoden, um das CO_2 aus der Luft zu »saugen« und unter der Erde zu lagern. Es ist aber sehr umstritten, ob das überhaupt funktionieren kann.

REGIONAL IST COOL

Du kannst deine Ökobilanz verbessern, indem du regional einkaufst. Dann bekommst du vielleicht nicht alles, worauf du gerade Lust hast, aber das Essen ist frischer und du hast ein gutes Gewissen dabei! So stärkst du auch eher kleine regionale Erzeuger und nicht die großen Konzerne. Auch sonst ist regional einfach besser – mach lieber einen Radelurlaub, anstatt nach Mallorca zu fliegen!

GLOSSAR

Asyl
Ein Zufluchtsort, an dem verfolgten Menschen Schutz gewährt wird.

Atmosphäre
Eine Schicht aus Gasen, die Planeten und andere Himmelskörper umhüllt.

Ausbeutung
Davon spricht man, wenn jemand keine faire Gegenleistung für seine Leistung bekommt, z. B. sehr viel arbeiten muss für sehr wenig Geld oder unter unangenehmen oder gefährlichen Bedingungen.

Bakterien
Mikroskopisch kleine Lebewesen, die nur aus einer einzigen Zelle bestehen.

Beihilfe
Staatliche Unterstützung in Form von Geld.

CO2 (Kohlendioxid)
Ein farb- und geruchloses Gas, das freigesetzt wird, wenn > fossile Brennstoffe wie Kohle, Öl oder Gas verbrannt werden. Auch Vulkane erzeugen CO_2; Tiere und Menschen atmen es aus.

Entwicklungsland
Ein Land mit einem sehr niedrigen > Lebensstandard, in dem es z. B. Probleme mit der Wasserversorgung gibt, schlechte Verkehrsverbindungen herrschen oder die Armut hoch ist.

Ethnie
(von griech. *ethnos* = Volkszugehörige) Eine Gruppe von Menschen, die z. B. aufgrund ihrer Sprache, Abstammung oder Kultur als eigene Volksgruppe zu sehen ist.

Europäische Union (EU)
Ein Staatenbund aus derzeit 27 Mitgliedsstaaten, die bestimmte wirtschaftliche und politische Ziele gemeinsam verfolgen. Zurzeit leben in der EU etwa 450 Millionen Menschen.

Fake News
(von engl. *fake* = gefälscht und *news* = Nachrichten) Nachrichten, die falsch oder sogar absichtlich gelogen sind, oder die man dafür hält.

fossile Brennstoffe
Heiz- und Treibstoffe aus fossilen Materialien, also Erdöl, Erdgas und Kohle. Alle diese Stoffe sind jahrmillionenalte Reste von abgestorbenen Lebewesen (= Fossilien), die im Boden unter bestimmten Bedingungen chemisch umgewandelt wurden.

Glasfaserkabel
Ein Kabel aus dünnen Glasfasern, durch das Lichtsignale mit hoher Geschwindigkeit geleitet werden können.

Globalisierung
(von *global* = auf den ganzen Globus bezogen) Die weltweite Verflechtung und Vernetzung von Wirtschaft, Handel, Verkehr, Kommunikation etc.

Habitat
siehe Lebensraum

indigen
(von *indigena* = eingeboren) Menschen oder Völker, die in einem Land oder einer Region (z. B. im Amazonas-Regenwald) ursprünglich und schon seit langer Zeit zu Hause sind, bezeichnet man als indigene Völker. Früher sagte man »Eingeborene«, aber das gilt heute als respektlos.

isolierte Völker
Völker oder > ethnische Gruppen, die keinen oder nur sehr geringen Kontakt zu anderen Bevölkerungen im gleichen Land haben.

Klimawandel
Die Veränderung von Wetterverhältnissen und die Erwärmung der Erde (siehe auch: Treibhauseffekt, Treibhausgase).

Kommunikation
Austausch von Informationen. Oder einfach: miteinander sprechen, sich verständigen.

Konzern
(von lat. *concernere* = vermischen) Eine Gruppe mehrerer Firmen oder Unternehmen unter einem »Dach« als > wirtschaftliche Einheit.

kreativ
Einfallsreich, erfinderisch, ideenreich.

Kredit
Leihen von Geld gegen eine Gebühr (= Zinsen). Kredite können von Banken, aber auch von Personen, Firmen oder dem Staat vergeben werden.

Kultur
Zusammenfassung für alles, was der Mensch gestaltet: von Häuserbau über Sprache, Schrift oder bestimmte Sitten und Gebräuche bis hin zu Kunst und Musik.

Lebenserwartung
Das durchschnittliche Lebensalter, das ein Mensch in einer bestimmten Region oder innerhalb einer bestimmten Gruppe erreicht.

Lebensraum
(auch: Habitat, von lat. *habitare* = wohnen) Die natürliche Umgebung einer Tier- oder Pflanzenart.

Lebensstandard
Ein Maß für den Wohlstand, also das, was sich Menschen leisten können oder eben nicht.

Lockdown
(auch: Massenquarantäne) Staatliche Maßnahmen zur Eindämmung einer > Pandemie oder eines anderen Problems in Form von Ausgangssperren, Abriegelung oder Schließen von Geschäften.

Methan
Natürliches Gas, das zum > Treibhauseffekt beiträgt.

Migrant
Ein Mensch, der sich auf > Migration begibt (von lat. *migrare* = wandern).

Migration
Von Migration spricht man, wenn Menschen ihr Heimatland oder ihre Heimatregion verlassen und sich anderswo niederlassen.

Multinationaler Konzern
(auch: »Multi«) Ein Unternehmen, das Produktionsstätten, Filialen oder Niederlassungen in verschiedenen Ländern hat.

nachhaltig
Wir handeln nachhaltig, wenn wir von den natürlichen > Ressourcen immer nur so viel nehmen, wie von alleine wieder nachwachsen oder sich nachbilden kann, sodass auch für folgende Generationen genügend übrig bleibt.

Ökobilanz
Berechnung, wie viel Schaden an der Umwelt ein Produkt oder eine Tätigkeit hinterlässt, z. B. die Menge an > CO_2 oder Giftstoffen, die dabei entsteht.

Ökosystem
Ort oder Lebensgemeinschaft aller Lebewesen und ihrer Umwelt (z. B. Wasser, Boden), die als Einheit gesehen werden kann. Ein kleiner Teich ist ein Ökosystem, aber auch ein ganzes Gebirge oder die Arktis sind Ökosysteme.

Pandemie
Die Ausbreitung einer Krankheit über ein sehr großes Gebiet bzw. über die ganze Welt.

Produktion
Herstellung von Waren für den Verkauf.

Prognose
Vorausschau, Vorausberechnung, Voraussage.

regionale Produkte
Waren, die nah an dem Ort, an dem sie verkauft werden, hergestellt oder geerntet wurden, sodass sie keine oder nur kurze Transportwege haben.

Ressourcen
(auch: Rohstoffe) Natürliche Stoffe wie Sand, Erdöl oder Wasser, die von Menschen genutzt werden.

sanitäre Anlagen
Einrichtungen zur Körperpflege wie Toiletten, Duschen und Bäder mit sauberem fließendem Wasser.

Serverfarm
Ein Gebäude, in dem große Computer riesige Datenmengen speichern und weiterleiten.

Treibhauseffekt
Die Erdatmosphäre hält einen Teil der Sonnenstrahlen fest und wandelt sie in Wärme um. Das ist natürlich und hat das Leben auf der Erde erst ermöglicht. Seit der Mensch aber zu viele > Treibhausgase freisetzt, wird zu viel Wärme festgehalten, sodass es auf der Erde immer wärmer wird (siehe auch: Klimawandel).

Treibhausgase
Gase wie > Methan oder > CO_2, die den > Treibhauseffekt beschleunigen.

United Nations (UN)
(auch: Vereinte Nationen) Eine internationale Organisation, der die meisten Staaten angehören. Sie kümmern sich um: Frieden, Zusammenarbeit, Wahrung der Menschenrechte.

Verbraucher
Alle Menschen, die Waren und Produkte kaufen und für sich selbst verwenden (also benutzen oder essen) und nicht weiterverkaufen, sind Verbraucher.

Vereinte Nationen
siehe United Nations

Vertrieb
Abteilung in einer Firma, die sich darum kümmert, dass ihre Produkte in den Handel kommen, also in die Läden und zu den > Verbrauchern.

Virus
Winziges lebendes Teilchen, das andere Lebewesen zum Leben braucht. Viele Viren, aber nicht alle, rufen Krankheiten hervor.

Wirtschaft (Ökonomie)
Das System, mit dem in einem bestimmten Land die Bedürfnisse der Menschen erfüllt werden, also die Erzeugung und Verteilung von Waren und Dienstleistungen sowie der Geldkreislauf. Das gesamte Wirtschaftssystem eines Landes nennt man **Volkswirtschaft**.

Zivilisation
Moderne menschliche Gesellschaft mit hohem > Lebensstandard.

Zivilist
(auch: Zivilperson) Ein Mensch, der keinen Streitkräften angehört, also kein Soldat ist, sondern gewöhnlicher Bürger.

QUIZ-ANTWORTEN

Seite 11
Wem gehört die Erde?
Antwort A ist falsch. Es sind sogar mehr als 400 Bäume pro Mensch!

Antwort B ist richtig.

Antwort C ist falsch.

Seite 15
Weißt du Bescheid über die Weltbevölkerung?
1B, 2C, 3A

Seite 23
Kulturelle Vielfalt
Antwort A ist falsch. Das Datum des chinesischen Neujahrsfests ändert sich von Jahr zu Jahr, aber es ist immer Ende Januar oder im Februar.

Antwort B ist richtig.

Seite 25
Was weißt du über Migration?
1B, 2A, 3C

Seite 35
Die letzten Verbliebenen
Antwort A ist falsch. Die meisten isolierten Völker hatten schon irgendwann Kontakt mit der Außenwelt.

Antwort B ist richtig.

Seite 37
Unsere vernetzte Welt
1B, 2A, 3C

Seite 47
Hast du die Globalisierung gecheckt?
1A, 2C, 3A

Seite 53
Naturkatastrophen
Die Antworten A und B sind richtig.

Antwort C ist falsch. Das Rote Kreuz hat den Preis schon dreimal bekommen!

Seite 59
Bist du fit in internationaler Zusammenarbeit?
1B, 2A, 3C

Zum Weiterlesen oder Aktivwerden:
Brot für die Welt:
www.fussabdruck.de

BUND-Jugend:
www.weltbewusst.org
www.wohindamit.de

Deutsche Gesellschaft für internationale Zusammenarbeit:
www.giz.de

Deutsche Umwelthilfe:
www.duh.de

Deutsches Rotes Kreuz:
www.drk.de

Fair Fashion, Minimalismus und Nachhaltigkeit:
www.minimalwaste.de

Flüchtlingshilfswerk UNHCR Deutschland:
www.unhcr.org/dach/de/

Fridays for Future Deutschland:
 www.fridaysforfuture.de

Gesellschaft für bedrohte Völker:
www.gfbv.de

Incomindios Schweiz:
www.incomindios.ch

Pro Asyl:
www.proasyl.de

Stiftung Gute-Tat:
www.gutetat.de

Vereinte Nationen:
www.un.org (englischsprachig)